# BEI GRIN MACHT SICH IHR WISSEN BEZAHLT

- Wir veröffentlichen Ihre Hausarbeit,
  Bachelor- und Masterarbeit

- Ihr eigenes eBook und Buch -
  weltweit in allen wichtigen Shops

- Verdienen Sie an jedem Verkauf

Jetzt bei www.GRIN.com hochladen
und kostenlos publizieren

Amalia Aventurin

# Inorganic environmental geochemistry

## Schwermetallbelastung von Boden- und Sedimentproben

GRIN Verlag

**Impressum:**

Copyright © 2014 GRIN Verlag GmbH
Druck und Bindung: Books on Demand GmbH, Norderstedt Germany
ISBN: 978-3-656-64540-5

**Dieses Buch bei GRIN:**

http://www.grin.com/de/e-book/272324/inorganic-environmental-geochemistry

# Hausaufgabe zur Vorlesung Anorganische Umweltgeochemie / Inorganic Environmental Geochemistry im WS 2013/2014

## 1. Einleitung

Diese Hausarbeit beschäftigt sich mit der Analyse zur Schwermetallbelastung von Boden- und Sedimentproben aus dem Raum Stolberg/Rheinland und Proben aus Seesedimenten aus der Rurtalsperre im hohen Venn (Nordeifel). Dabei stehen Werte zur Haupt- und Spurenelementgehalte der Boden- und Sedimentproben zur Verfügung, sowie Pb-, Zn-, Cu- und Cd-Gehalte aus Pflanzenproben dieser Gebiete.

Wie stark die Proben an Schwermetallen belastet sind wird zum einen anhand des Geoakkumulations-Indexes ($I_{geo}$ [5][7]) ermittelt und zum anderen anhand des Transferfaktors (u.a. nach Matthies et al. 1994 [6]) und dem Vergleich von Pflanzen und Sedimentproben beschrieben. Auch wurde für alle Proben der Anreicherungsfaktor im Vergleich zum Al-Gehalt bestimmt. Dies geschah in Anlehnung an das Praktikum.

Anhand der so charakterisierten Elemente und deren Gehalte werden die proben auf ihren Schwermetallgehalt hin untersucht. Dabei lässt sich vorab eine starke Schwermetallbelastung für die Probenregion um den Hüttenstandort Binsfeldhammer feststellen, die sich u.a. in einer starken Versauerung der Bodenhorizonte und in erhöhten Pb-, Zn- und Cd-Werten charakterisieren lässt. Mit zunehmender Entfernung von diesem Hüttenstandort nimmt die Versauerung und Schwermetallbelastung ab.

## 2. Analysierte Regionen

Die Gesteins-, Boden- und Pflanzenproben wurden aus der Gegend um Stolberg entnommen (s. Abb. 1).

Dabei ist zu beachten, d ass alle Proben aus Gebieten stammen, in denen oberdevonischer Famenne-Sandstein, -Siltstein und –Tonstein aufliegt. Alle drei Entnahmestellen liegen etwa im Einzugsgebiet des Flusses Inde, der von Süden Richtung Stolberg fließt und anschließend bei Kirchberg in die Rur mündet. In der Nähe dieses Flusses befindet sich eine alte Industriehalde der Kali-Chemie („Chemische Fabrik Rhenania AG") und die sogenannten Vegla-Polder (ehemals „Vereinigte Glaswerke GmbH") durch deren Sickerwassereintrag die Inde ab Stolberg unter anderem mit Dünnsäure stark verschmutzt ist, was zu einem erhöhten Eintrag von Schwefelsäure, Schwermetallen und halogenierten Wasserstoffen führen kann [1] [2]. Seit etwa 2005 wird dieses Gebiet jedoch saniert [3]. Eine weitere potentielle Quelle für erhöhte Schadstoffbelastungen ist die heute noch aktive Bleihütte Binsfeldhammer, die sich in der Nähe Der Probenentnahmestelle S-fa-1 befindet. Durch Bleihütten kann es vermehrt zum Eintrag von As, Cd, Zn und natürlich Pb kommen. Nachweislich findet in der Region um Stolberg schon seit etwa 2000 Jahren Bergbau und Erzverhüttung statt. Weitere potentielle Quellen für Schwermetalle liegen im Straßenverkehr, der Müllverbrennung,

Zementproduktion und in der Verbrennung fossiler Brennstoffe, sowie in der Holzverbrennung.

Die nächste Probenentnahmestelle befindet sich im Rurstausee im Gebiet des hohen Venn (s. Abb. 2). Diese Seesedimente konnten während der Trockenlegung der Rurtalsperre im Jahre 1997 entnommen werden.

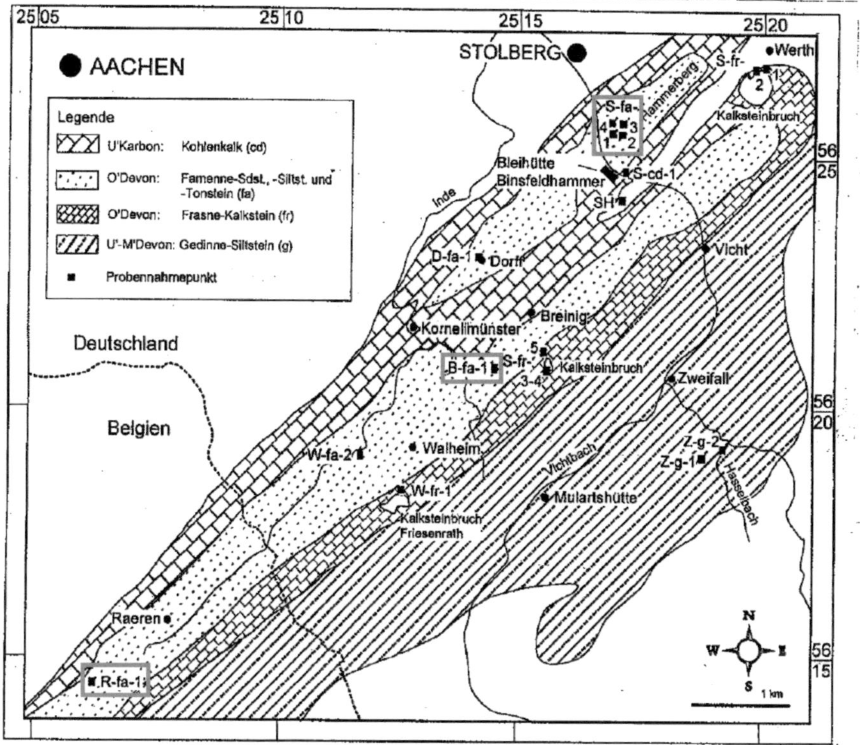


**Abb. 1**: Die rot umrahmten Gebiete in der Kartenskizze der Region um Stolberg zeigen die Entnahmestellen der Proben S-fa-1, B-fa-1 und R-fa-1 (bearbeitet nach Müller, 1986 [7]).

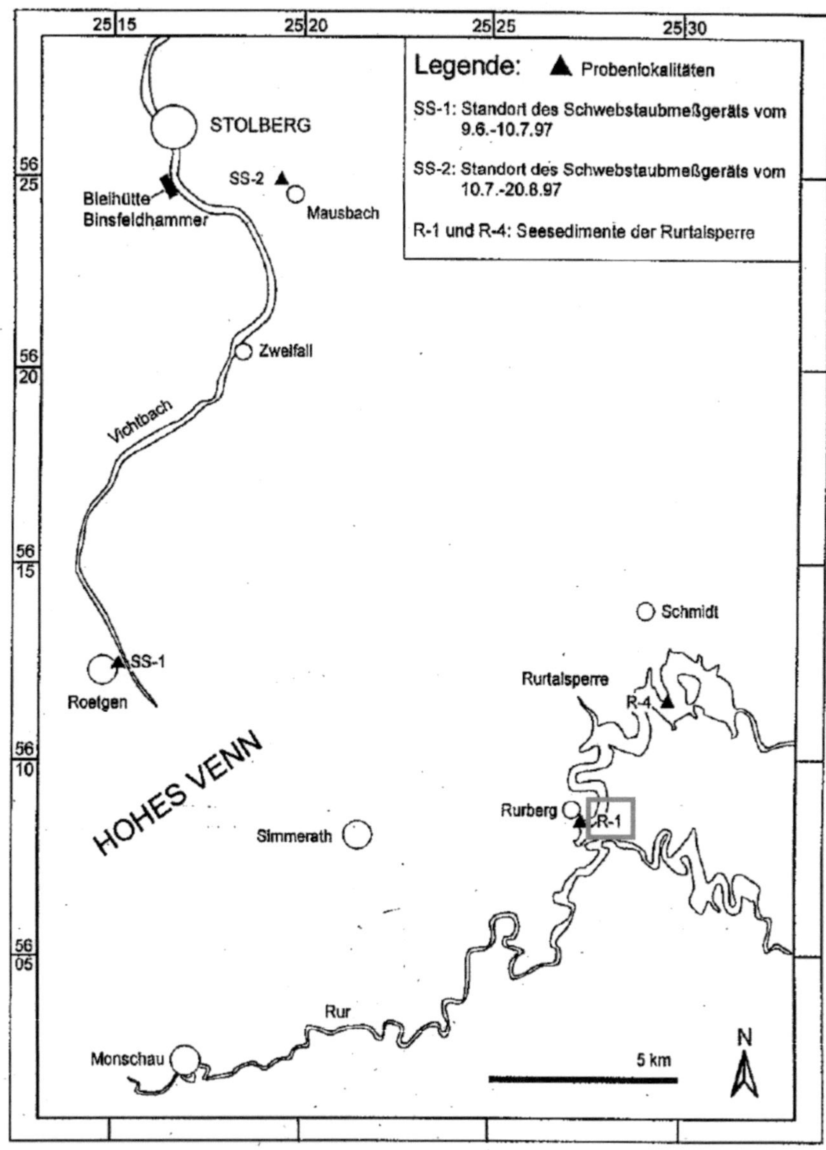



**Abb. 2**: Der rot umrahmte Bereich zeigt das Gebiet der Probenentnahmestelle für die Probe R-1. Dabei handelt es sich um Seesedimente, die im Jahre 1997 während der Trockenlegung der Rurtalsperre entnommen wurden (bearbeitet nach Müller, 1986 [7]).

## 3. Ergebnisse der Röntgenbeugung und Charakterisierung der Horizonte der Bodenprofile und Seesedimente

Die Ergebnisse der Röntgenbeugung sind in Tab. 1 aufgelistet. Dabei ist zu beachten, dass diese Ergebnisse nur die geschätzten Häufigkeiten eines Minerals in der Probe S-fa-1 angeben.

| Probe | Quarz | Mus. / I. u.a. Tonminerale | Chlorid | Kalifeldspat (Mikroklin) | Hämatit | Plagioklas (Albit; Fsp.) |
|---|---|---|---|---|---|---|
| S-fa-1/6 O | XX | + | | X | + | X |
| S-fa-1/5a Ah1 | XXX | ++ | (+*) | XX | + | XX |
| S-fa-1/4 Ah2 | XXX | ++ | (+*) | XX | + | XX |
| S-fa-1/3 Bh | XXX | ++ | (+*) | XX | + | XX |
| S-fa-1/2 Bv | XXX | +++ | ++ | XX | + | XX |
| S-fa-1/1 Cv | XXX | X | X | XX | + | XX |

**Tab. 1**: Ergebnisse der Röntgenbeugung für die Probe S-fa-1. Dargestellt sind nur die vorhandenen Minerale. Die Symbole XXX bis X stehen für (dominante) Hauptkomponente. Die Symbole +++ bis + stehen für geringe Anteile bis Spurenanteile.

Anhand der Tabelle 1 lässt sich sagen, dass der Hauptbestandteil der Probe zum größten Teil Quarz ist. Kalifeldspat (Mikroklin) und der Feldspat Plagioklas (Albit; $NaAlSi_3O_8$) sind weitere Hauptbestandteile, jedoch tauchen diese beiden Minerale etwas weniger häufig auf.

Als Akzessorien sind noch Tonminerale, Chlorid und zum Teil Hämatit ($Fe_2O_3$) vorhanden.

Die Charakterisierung der Horizonte der Bodenprofile und der Seesedimente wurde dagegen für alle vier Proben durchgeführt. Die Ergebnisse befinden sich in Tab. 2.

Anhand der Tabelle 2 lässt sich sagen, dass die Proben S-fa-1, B-fa-1 und R-fa-1 einen pH-Wert aufweisen, der im sauren Bereich liegt, womit in allen drei Proben in eine erhöhte Schwermetallmobilisierung zu erwarten ist. Hierbei ist auch vereinfacht folgender Trend zu beobachten: B-fa-1 (pH 3,8-4,2) < S-fa-1 (pH 3,8-5) < R-fa-1 (pH 4,7-5,1). Für die Seesedimentprobe R-1 standen keine pH-Werte zur Verfügung. Im Allgemeinen lässt sich die Versauerung der Bodenproben bis in die tieferen Horizonte nachvollziehen, was auf eine generell hohe Schwermetallbelastung hindeutet.

| Probe | Probenart | Tiefe (cm) | Bodenart u.a. | Farbe | pH-Wert |
| --- | --- | --- | --- | --- | --- |
| S-fa-1/7 | Pflanzen | 0 | Gras | | |
| S-fa-1/6 | O | 0 | Streu | schwarz | 5 |
| S-fa-1/5a | Ah1 | 0-10 | schluffiger-sandiger Lehm | dunkelbraun | 4,4 |
| S-fa-14 | Ah2 | 10-11* | schluffiger-sandiger Lehm | schwarz | 4 |
| S-fa-1/3 | Bh | 11-21* | steiniger, schluffig-sandiger Lehm | hellbraun | 3,8 |
| S-fa-1/2 | Bv | 21-41 | steiniger, schluffig-sandiger Lehm | ockerf.-braun | 4,1 |
| S-fa-1/1 | Cv | > 42 | Famenne-Sdst. | ockerf. | |
| S-fa-1/5b | Cv aus Ah | 0-10 | Famenne-Sdst. Aus Ah | ockerf. | |
| | | | | | |
| B-fa-1/5 | O | 0-5 | Streu | dklbraun | 4,2 |
| B-fa-1/4 | Ah | 5-15* | lehmiger Sand | graubraun | 3,8 |
| B-fa-1/3 | Bh1 | 15-23 | lehmiger Sand | hellbraun | 3,9 |
| B-fa-1/2 | Bh2 | 23-33 | steiniger, toniger Sand | ockerf. | 4 |
| B-fa-1/1 | Cv | > 33 | Famenne-Tonstein | graugrün | |
| | | | | | |
| R-fa-1/6 | Pflanzen | 0 | Gras, Klee | | |
| R-fa-1/5 | Ah | 0-10 | z.T. steiniger, sandiger-schluffiger Lehm | dunkelbraun | 4,7 |
| R-fa-1/4 | Bh1 | 10-20* | z.T. steiniger, sandiger-schluffiger Lehm | hellbraun | 5 |
| R-fa-1/3 | Bh2 | 20-30 | z.T. steiniger, sandiger-schluffiger Lehm | hellbraun | 5 |
| R-fa-1/2 | Bv1 | 30-50 | z.T. steiniger, sandiger-schluffiger Lehm | hellbraun | 5,1 |
| R-fa-1/1 | Bv2 | 50-80 | z.T. steiniger, sandiger-schluffiger Lehm | hellbraun | 5 |
| R-fa-1/0 | Cv | > 80 | Famenne-Sandstein | ockergelb | |
| | | | | | |
| R-1-/1 | Seesand | 0-1 | Sand | hellbraun-grau | n. b. |
| R-1/2 | Seesand | 1-2* | Sand | hellbraun-grau | n. b. |
| R-1/3 | Seesand | 2-3* | Sand | hellbraun-grau | n. b. |

**Tab. 2**: Ergebnisse der Charakterisierung der Horizonte der Bodenprofile und der Seesedimente. Zu den Probenarten: **O** = org. Auflagehorizont mit > 10 Vol% org. Festsubstanz; **Ah** = Anreicherung von Humus (< 15 Masse% Humus; A-Horizont); **Bh** = Akkumulation von eingewaschenen Huminstoffen (B-Horizont); **Bv** = Eisenoxidation, Mineralneubildung (Verbraunung, Verlehmung, typisch für Braunerde; B-Horizont); **Cv** = Ausgangsgestein mit nur schwacher Verwitterung (verwittert; C-Horizont) [4].

**4.1 Chemische Zusammensetzung & Spurenelemente der Gesteins- und Bodenproben und der Seesedimente**

Eine reine Betrachtung der vorgegeben Werte der chemischen Zusammensetzung der Haupt- und Spurenelemente der Gesteins-, Boden-, Seesedimentproben und ein Vergleich mit Literaturwerten nach LÖLF (1988, siehe Tab. 3[8]) führt zu dem Ergebnis, dass eine deutliche Übeschreitung der Schwellenwerte für Cd in allen vier Beprobungsgebieten zu erkennen ist. Pb wird dagegen nur in dem Beprobungsgebiet S-fa-1 in allen Proben deutlich überschritten, Zn, Cu und As in diesem Gebiet jedoch nur in den ersten 3 Proben. Allein dieser grobe Ausblick lässt schon auf eine deutliche anthropogene Quelle für eine Schwermetallbelastung der genannten Elemente schließen, da diese Werte auch im höchsten Maße die Gehalte de kontinentalen Kruste überschreiten und somit nicht den geogenen Untergrund repräsentieren können. Diese liegen nämlich nach Wedepohl (1995) für Pb bei 14, ppm, für Zn bei 65 ppm, für Cu bei 25 ppm, für Cd bei 0,1 ppm und für As bei 1,7 ppm.

| ppm | Schwellenwert nach LÖLF (1988)[8] | S-fa-1 | B-fa-1 | R-fa-1 | R-1 |
|---|---|---|---|---|---|
| Pb | 300 | 8371 (S-fa-1/6)<br>2066 (S-fa-1/5a)<br>398 (S-fa-1/5b)<br>2514 (S-fa-1/4)<br>531 (S-fa-1/3) | | | |
| Zn | 500 | 1653 (S-fa-1/6)<br>858 (S-fa-1/5a)<br>582 (S-fa-1/5b)<br>626 (S-fa-1/4) | | | |
| Cu | 100 | 803 (S-fa-1/6)<br>154 (S-fa-1/5a) | | | |
| Cd | 2<br>(1 ppm bei pH < 6,5) | 43 (S-fa-1/6)<br>33 (S-fa-1/5a)<br>< 10<br>(restliche Proben) | < 10<br>(Alle Proben) | < 10<br>(Alle Proben) | < 10<br>(Alle Proben) |
| As | 40 | 149 (S-fa-1/6)<br>73 (S-fa-1/5a)<br>79 (S-fa-1/5a) | | | |

**Tab. 3**: Vergleich der Analyse der Spurenelemente der Gesteins-, Boden- und Seesdimentproben mit Schwellenwerten nach LÖLF (1988)[8]. Es sind nur die Proben dargestellt, in denen eine Überschreitung der Schwellenwerte zu beobachten ist.

**4.2 Chemische Zusammensetzung & Spurenelemente der Gesteins- und Bodenproben und der Seesedimente – der Geoakkumulations-Index ($I_{geo}$)**

Der „Geoakkumulations-Index ($I_{geo}$) ist ein Maß für die Höhe der Belastung eines Sediments oder Bodens mit anorganischen oder organischen Spuren- und Abfallstoffen" [7]. Die Formel zur Berechnung sieht dabei wie folgt aus:

$$I_{geo} = log_2\left(\frac{C_{sample}}{1{,}5 \cdot C_{background}}\right)$$

$$C_{sample} = Konzentration\ in\ der\ Probe$$

$$C_{background} = mittlere\ Krustekonzentration\ nach\ Wedepohl\ (1995)$$

Anhand dieser Formel lassen sich folgende Sedimentklassen definieren (s. Tab. 4):

| $I_{geo}$ | $I_{geo}$-Klasse | Sediment-Qualität |
|---|---|---|
| > 0 | 0 | Praktisch unbelastet |
| > 0-1 | 1 | Unbelastet bis mäßig belastet |
| > 1-2 | 2 | Mäßig belastet |
| > 2-3 | 3 | Mäßig bis stark belastet |
| > 3-4 | 4 | Stark belastet |
| > 4-5 | 5 | Stark bis übermäßig belastet |
| > 5 | 6 | Übermäßig belastet |

**Tab. 4:** Klassifizierung der Sedimentqualität anhand des $I_{geo}$-Wertes (s. Müller, 1986).

Die Verwendung dieser Formel auf die Haupt- und Spurenelementanalysen der vier Proben führt zu folgenden gemittelten $I_{geo}$-Werten (s. Tab. 5):

| Spurenelemente | $I_{geo}$-Wert der Proben (gemittelt) | | | |
|---|---|---|---|---|
| | S-fa-1 | B-fa-1 | R-fa-1 | R-1 |
| **Pb** | 1,43 | 0,71 | 0,31 | 0,46 |
| **Zn** | 0,8 | 0,27 | 0,09 | 0,49 |
| **Cu** | 0,16 | -0,14 = 0 | -0,23 = 0 | -0,13 = 0 |
| **Ni** | -0,63 = 0 | -0,42 = 0 | -0,51 = 0 | -0,24 = 0 |
| **Co** | -0,58 = 0 | -0,47 = 0 | -0,57 = 0 | -0,24 = 0 |
| **Cd** | ~1,96 | < 1,78 | < 1,78 | < 1,78 |
| **As** | 1,15 | 0,65 | 0,6 | 0,81 |
| **Ba** | -0,34 = 0 | -0,29 = 0 | -0,39 = 0 | -0,25 = 0 |
| **Sb** | 1,73 | ~1,32 | < 1,3 | < 1,3 |
| **Zr** | 0,27 | -0,05 = 0 | 0,06 | 0,13 |
| **Br** | 1 | 0,69 | 0,62 | n.b. |
| **Mo** | < 0,74 | < 0,74 | < 0,74 | n.b. |
| **Nb** | -0,27 = 0 | -0,31 = 0 | -0,3 = 0 | -0,24 = 0 |
| **Y** | -0,04 = 0 | -0,2 = 0 | -0,19 = 0 | -0,05 = 0 |
| **Sr** | -0,89 = 0 | -1 = 0 | -0,99 = 0 | -0,83 = 0 |
| **Rb** | -0,18 = 0 | 0,06 | -0,09 = 0 | -0,05 = 0 |
| **Ga** | -0,38 = 0 | -0,15 = 0 | -0,26 = 0 | -0,21 = 0 |

**Tab. 5:** Gemittelter $I_{geo}$-Werte anhand der vorgegebenen Auswertung für Spurenelemente der Boden- und Sedimentproben und der Seesedimente. Wichtiger Hinweis: Werte, die in der Analyse mit bsp. <10 etc. angegeben wurden, wurden der Einfachheit halber auf den nächst kleineren Wert normiert, bspw. 9. $I_{geo}$-Werte, die in den negativen Bereich gelangen, liegen außerhalb der Nachweisgrenze und werden als nicht vorhanden (keine Kontamination) betrachtet. Die farbliche Markierung ist analog zu der in Tab. 3.

Anhand der $I_{geo}$-Werte lässt sich sagen, dass für die Spurenelemente Pb und As in der Probe S-fa-1 und für die Spurenelemente Cd und Sb in allen vier Proben eine mäßige Belastung finden lässt. In den Proben B-fa-1, R-fa-1 und R-1 lässt sich Pb und As nur mit eine geringe

Belastung finden. Für die Spurenelemente Mo, Br und Zn lässt sich in allen Proben nur eine geringe Belastung finden. Die Elemente Rb, Zr und Cu lassen sich vereinzelt in einigen Proben feststellen, die Konzentrationen sind allerdings sehr gering. Somit ist aus dieser Analyse ersichtlich, dass für die Schwermetalle Pb, As, Cd und Sb in der Probenregion um die Bleihütte Bimsfeldhammer (S-fa-1) eine erhöhte Schwermetallkonzentration herrscht, während die Konzentration dieser Schwermetalle mit zunehmender Entfernung von der Bleihütte abnimmt. Die erhöhten Gehalte dieser Schwermetalle in der Rurtalsperre (R-1) lassen sich vermutlich dadurch erklären, dass der Fluss Inde, der durch das Gebiet der Bleihütte Binsfeldhammer fließt und schließlich in den Rursee mündet, die genannten Schwermetalle mit transportiert und so für eine Anreicherung der Seesedimente in Pb, As, Cd und Sb sorgt.

Auch wenn in Tabelle 5 die Werte gemittelt wurden, so ist in der Grundtabelle deutlich ersichtlich, dass die Schwermetallgehalte bis in die tieferen Horizonte reichen, was auf einen lange währende Kontamination hindeutet.


## 4.3 Chemische Zusammensetzung & Spurenelemente der Gesteins- und Bodenproben und der Seesedimente – der Anreicherungsfaktor (EF)

Die Berechnung des Anreicherungsfaktors erfolgte – analog zum Praktikum – relativ zum Aluminiumgehalt. Die Formel hierfür lautet wie folgt:

$$\frac{\left(\dfrac{Pb_{Probe}[\mu g]}{Al_{Probe}[\%]}\right)}{\left(\dfrac{Pb_{Kruste}[\mu g/g = ppm]}{Al_{Kruste}[\%]}\right)}$$

Anhand dieser Rechnung wurden die Anreicherungsfaktoren der Haupt- und Spurenelemente errechnet. Die anschließend gemittelten Ergebnisse finden sich in Tabelle 6 und 7.

Auch der in Tabelle 6 und 7 errechnete Anreicherungsfaktor unterstützt die bereits unter Punkt 4 erwähnte Feststellung, dass die Schwermetallkonzentration im direkten Umfeld der Bleihütte (S-fa-1) am Höchsten ist und mit zunehmender Entfernung abnimmt.

| Hauptelemente | Anreicherungsfaktor der Proben (gemittelt) | | | |
| --- | --- | --- | --- | --- |
| | *S-fa-1* | *B-fa-1* | *R-fa-1* | *R-1* |
| Si | 1,81 | 1,10 | 1,69 | 1,31 |
| Al | 1,00 | 1,00 | 1,00 | 1,00 |
| Ca | 0,15 | 0,05 | 0,08 | 0,08 |
| Mg | 0,24 | 0,54 | 0,46 | 0,33 |
| Na | 0,41 | 0,24 | 0,37 | 0,29 |
| K | 2,10 | 2,08 | 1,29 | 1,17 |
| Ti | 2,17 | 1,42 | 1,66 | 1,50 |
| Fe | 0,88 | 0,93 | 0,86 | 0,97 |
| Mn | 1,41 | 0,97 | 1,06 | 2,20 |
| P | 1,30 | 1,11 | 0,92 | 1,78 |
| Cr | 0,45 | 0,46 | 0,53 | 0,50 |
| V | 1,00 | 1,05 | 1,08 | 1,07 |

**Tab. 6**: Gemittelte EF-Werte der Hauptelementanalyse für die Proben S-fa-1, B-fa-1, R-fa-1, R-1

| Spurenelemente | Anreicherungsfaktor der Proben (gemittelt) | | | |
| --- | --- | --- | --- | --- |
| | *S-fa-1* | *B-fa-1* | *R-fa-1* | *R-1* |
| Pb | 340,49 | 14,50 | 5,17 | 5,07 |
| Zn | 22,75 | 3,30 | 2,85 | 5,47 |
| Cu | 38,17 | 1,05 | 1,49 | 1,30 |
| Ni | 0,85 | 0,67 | 0,66 | 1,00 |
| Co | 0,75 | 0,58 | 0,68 | 1,01 |
| Cd | 938,68 | | | 0,00 |
| As | 82,92 | 10,49 | 10,02 | 11,48 |
| Ba | 1,20 | 0,90 | 0,86 | 0,99 |
| Sb | 612,81 | 46,74 | | |
| Zr | 5,13 | 1,60 | 2,41 | 2,40 |
| Br | 42,95 | 15,07 | 11,90 | |
| Mo | | | | |
| Nb | 1,40 | 0,86 | 1,10 | 1,01 |
| Y | 2,40 | 1,11 | 1,34 | 1,58 |
| Sr | 0,34 | 0,18 | 0,21 | 0,26 |
| Rb | 1,73 | 1,98 | 1,71 | 1,58 |
| Ga | 0,92 | 1,22 | 1,18 | 1,09 |

**Tab. 7**: Gemittelte EF-Werte der Spurenelementanalyse für die Proben S-fa-1, B-fa-1, R-fa-1, R-1

## 5. Königswasseraufschluss der Pflanzenproben - der Transferfaktor (F)

Eine Betrachtung der mittels Königswasseraufschluss analysierten Pflanzenaufschlussserie (bezüglich der Trockensubstanz) und ein Vergleich mit Literaturwerten nach Grün & Pusch (1989) führt zu folgendem Ergebnis (s. Tab. 8):

Insgesamt zeigt sich eine deutliche Schwermetallbelastung durch die Elemente Cd, Zn und Pb der Spross- und Wurzelproben bei reiner Betrachtung der Werte und dem Vergleich mit Literaturdaten. Tendenziell besitzen die ungewaschenen Sprossproben eine höhere Konzentration an Pb, Zn und Cu, als die gewaschenen Sprossproben, was auf einen möglichen Schwermetalleintrag durch die Luft hindeutet. Anhand der Wurzelproben ist deutlich erkennbar, wie stark der Oberboden schwermetallbelastet ist. Der niedrige pH-Wert der Böden führt zudem zu einer erhöhten Mobilisierbarkeit der Schwermetallmetalle und dementsprechend zu einer leichteren Aufnahme durch die Pflanzen.

| Pflanzenaufschlussserie | Proben (bezügl. der Trockensubstanz) | | |
|---|---|---|---|
| | S-fa-1 (ppm) | B-fa-1 (ppm) | R-fa-1 (ppm) |
| Zn: Gewaschene Sprossprobe (ppm) | 119,5 = hohe Belastung | 38,2 = mäßige Belastung | 36,3 = mäßige Belastung |
| Pb: Gewaschene Sprossprobe (ppm) | 27,9 = hohe Belastung | 1,5 = niedrige Belastung | 1 = niedrige Belastung |
| Cu: Gewaschene Sprossprobe (ppm) | 8,9 | 6,1 | 3,5 |
| Cd: Gewaschene Sprossprobe (ppm) | 16,6 = extrem hohe Belastung | 0,6 = mäßige Belastung | 0,5 = mäßige Belastung |
| | | | |
| Zn: Ungewaschene Sprossprobe (ppm) | 100,1 = sehr hohe Belastung | 32,4 = mäßige Belastung | 39,1 = mäßige Belastung |
| Pb: Ungewaschene Sprossprobe (ppm) | 28 = hohe Belastung | 1,5 = niedrige Belastung | 1,7 = niedrige Belastung |
| Cu: Ungewaschene Sprossprobe (ppm) | 16 | 10,5 | 7,2 |
| Cd: Ungewaschene Sprossprobe (ppm) | 4,6 = extrem hohe Belastung | 0,2 = niedrige Belastung | 0,3 = niedrige Belastung |
| | | | |
| Zn: Wurzeln (ppm) | 411,4 = extrem hohe Belastung | 169,9 = hohe Belastung | 116,6 = hohe Belastung |
| Pb: Wurzeln (ppm) | 346,4 = extrem hohe Belastung | 82,4 = extrem hohe Belastung | 12,5 = hohe Belastung |
| Cu: Wurzeln (ppm) | 55,3 | 23 | 8,5 |
| Cd. Wurzeln (ppm) | 33,5 = extrem hohe Belastung | 6,1 = extrem hohe Belastung | 7,3 = extrem hohe Belastung |

Tab. 8: Analyse der Pflanzenaufschlussserie und Vergleich mit Literaturdaten nach Grün & Pusch (1989). Für das Element Cu lag kein Vergleichswert vor.

Betrachtet man nun den Transferfaktor, der sich nach folgender Gleichung berechnen lässt,

$$Transferfaktor\ F = \frac{Metallkonzentration\ in\ Pflanze\ (TS)}{Metallkonzentration\ im\ Boden}$$

liegt der Grund für die teilweise sehr hohen Belastungen auch in der Beweglichkeit der Ionen begründet. Während Pb mit einem Transferfaktor zwischen 0,01 und 0,1 äußerst unbeweglich ist, weisen Zn und Cd eine gute Beweglichkeit mit einem Transferfaktor zwischen 1 und 10 auf. Cu hat eine mäßige Beweglichkeit mit einem Transferfaktor von 0,1 bis 1. Eine Liste der errechneten Transferfaktoren befindet sich in Tabelle 9. Alle errechneten Transferfaktoren liegen im erwarteten Rahmen, bzw. darunter.

Des Weiteren ist der Transferfaktor auch an Maß für die Bioverfügbarkeit von Elementen: Je höher der Transferfaktor, desto höher die Bioverfügbarkeit. Demnach hat das Element Cd die höchste Bioverfügbarkeit, was wiederum auf eine starke Kontamination der Böden durch Cd hindeutet.

| Pflanzenaufschlussserie | Transferfaktor (bezügl. der Trockensubstanz) | | |
|---|---|---|---|
| | F für S-fa-1 (ppm) | F für B-fa-1 (ppm) | F für R-fa-1 (ppm) |
| Zn: Gewaschene Sprossprobe (ppm) | 0,17 | 0,21 | 0,27 |
| Pb: Gewaschene Sprossprobe (ppm) | 0,01 | 0,01 | 0,02 |
| Cu: Gewaschene Sprossprobe (ppm) | 0,06 | 0,21 | 0,15 |
| Cd: Gewaschene Sprossprobe (ppm) | 0,96 | < 0,07 | < 0,06 |
| | | | |
| Zn: Ungewaschene Sprossprobe (ppm) | 0,14 | 0,18 | 0,29 |
| Pb: Ungewaschene Sprossprobe (ppm) | 0,01 | 0,01 | 0,03 |
| Cu: Ungewaschene Sprossprobe (ppm) | 0,10 | 0,37 | 0,32 |
| Cd: Ungewaschene Sprossprobe (ppm) | 0,27 | < 0,02 | < 0,03 |
| | | | |
| Zn: Wurzeln (ppm) | 0,58 | 0,93 | 0,86 |
| Pb: Wurzeln (ppm) | 0,17 | 0,52 | 0,22 |
| Cu: Wurzeln (ppm) | 0,34 | 0,80 | 0,37 |
| Cd. Wurzeln (ppm) | 1,94 | < 0,68 | < 0,81 |

**Tab. 9**: Errechneter Transferfaktor für die Spross- und Wurzelproben anhand der o.g. Rechnung. Die Bestimmung der Gehalte erfolgt, indem die Elementgehalte der Boden- und Sedimentproben gemittelt wurden.

## 6. Zusammenfassung

Eine hohe Schwermetallbelastung der Elemente Pb, Zn, As, Sb, Cd und zum Teil auch Cu konnte für die analysierte Region festgestellt werden. Dies ist zum einen an den hohen Gehalten in Pflanzen- und Boden-, und Seesedimentproben erkennbar, aber auch in der Versauerung der Bodenhorizonte. Die Herkunft der Schwermetalle liegt vermutlich in der bis heute aktiven Bleihütte Binsfeldhammer und deren Abraumhalden im Raum Stolberg, da in diesem Bereich die Schwermetallbelastung am Höchsten ist, während Sie im Umfeld abnimmt. Auch ein Eintrag aus der Luft wäre denkbar, da vor allem die ungewaschenen Sprossproben höhere Schwermetallgehalte aufweisen, als die ungewaschenen.

Die erhöhten Schwermetallgehalte der Seesedimente sind vermutlich durch Einträge aus dem Zufluss der Inde entstanden, da dieser Fluss auch die Region um die Bleihütte in Stolberg passiert.

Ein möglicher Grund für die auch in den tieferen Bodenhorizonten vorkommenden hohen Schwermetallgehalte liegt vermutlich in der schon seit etwa 2000 Jahren andauernden Bergbau und Erzverhüttung im Raum Stolberg. Dies sind allerdings nur Spekulationen. Für genauere Analysen zur Herkunft der Schwermetalle müsste in diesem Gebiet eine Blei-Isotopen-Analyse durchgeführt werden, welche allerdings nicht gegeben war.


## 7. Literatur


[1] Schulte, O. (1925). Rhenania, Verein Chemischer Fabriken Aktiengesellschaft Aachen, Dt. Architektur- und Industrie-Verlag (DARI)

[2] Rüsberg, F.. (1949). Fünfzig Jahre Kali-Chemie Aktiengesellschaft, Kali Chemie AG.

[3] http://www.aachener-zeitung.de/lokales/stolberg/kali-halde-erhaelt-ein-dichtes-profil-1.391830 (Stand: 22.01.2014)

[4] http://hypersoil.uni-muenster.de/0/04/06.htm (Stand: 22.01.2014)

[5] Wedepohl, K. (1995). The composition of the continental crust. Geochimica et Cosmochimica Acta. Vol. 59, Issue 7, Pages 1217–1232.

[6] Matthies, M., Trapp, S. (1994). III. Transferfaktoren Boden-Pflanze und Luft-Pflanze. Umweltwissenschaften und Schadstoff-Forschung, Volume 6, Issue 5, pp 297-303.

[7] Müller, G. (1986). Schadstoffe in Sedimenten – Sedimente als Schadstoffe. Mitt. öster. geol. Ges. S. 107-129. Umweltgeologieband 79.

[8] LÖLF, Landesamt für Ökologie, Landschaftsentwicklung und Forstplanung Nordrhein-Westfalen (1988): Mindestuntersuchungsprogramm Kulturboden zur Gefährdungsabschätzung von Altablagerungen und Altstandorten im Hinblick auf eine landwirtschaftliche und gärtnerische Nutzung. Hrsg.: LÖLF, Recklinghausen, 12 S.